AF303387

Ma France, nation boisée

Damien DUBOIS-SIOBUD

Ma France, nation boisée

Édition : BoD – Books on Demand, info@bod.fr
Impression : BoD – Books on Demand, In de Tarpen 42, Norderstedt (Allemagne)
Impression à la demande
ISBN : 978-2-3220-9484-4
Dépôt légal : février 2023

I – En théorie

PLANTATION Expérimentale					
STRUCTURE/site	**arbres**	**KG CO^2/Date**	**T CO^2 en 2060**	**PRIX**	PRIX/arbre
TREEDOM.com	59	708	14,59	850 €	14 €
ECOTREE.com	278	4700	211,7	5 232 €	19 €
ECOTREE.com	100	1200	63,8	1 694 €	17 €
REFORESTACTION.com	190	2600	28	570 €	3 €
HELLOCARBO.com	8	1188	6,33	24 €	3 €
30/12/2022	**arbres**	**KG CO^2/Date**	**T CO^2 en 2060**	**PRIX**	PRIX/arbre
	635	10396	324,42	8370	13,1811024

A/ Constats

a) La plantation d'arbres sur de grandes superficies serait avantageuse pour refroidir le climat

Une nouvelle étude de l'université de Princeton vient de montrer que les forêts pourraient avoir un effet rafraîchissant, en prenant en compte un nouvel élément : les nuages. « Les nuages ont tendance à se former plus fréquemment sur les zones forestières, explique Amilcare Porporato, coauteur de l'étude parue dans PNAS. La plantation d'arbres sur de grandes superficies serait donc avantageuse pour refroidir le climat. » Grâce à l'évapotranspiration, les arbres produisent une forte humidité qui se concentre en nuages diurnes. Or, ces derniers sont particulièrement efficaces pour bloquer le rayonnement solaire grâce à un albédo très élevé similaire à celui de la neige. Ce n'est d'ailleurs pas pour rien que les scientifiques envisagent de créer des nuages artificiels comme moyen de refroidir le climat.

b) - 2022

Mon étoile s'éteint
Énergie sans vie
Et je n'y peux rien

« Les adeptes du “toute chose égale par ailleurs” vont en être pour leurs frais.

J’ai un vrai problème avec les défaitistes (c’est foutu, la sixième extinction de masse nous emportera tous) et leurs alliés les “décroissantistes” anticapitalistes.

Cet article nous apprend que certains (ici certaines) travaillent d’arrache-pied pour changer les choses.

On est encore très loin d’une application industrielle (les défaitistes diront que l’espèce humaine sera rayée de la carte avant), mais c’est bien évidemment une direction dans laquelle il faut absolument travailler et investir (et on ne peut investir qu’avec la richesse créée, la décroissance ne le permet pas).

Nota : ceci n’est absolument pas contradictoire avec le fait qu’il faut sérieusement changer notre modèle économique et notre relation à l’énergie disponible et bon marché (facile). »

Signé d’un internaute de mon réseau professionnel.

Cette semaine, je déprimais, alors je me suis dit ce soir qu'on ne m'emmènera pas dans le trou avec mon argent.

IL N'Y A PAS DE PROBLÈME, il n'y a que DES SOLUTIONS !

=>25 arbres de plus (dont 4 cèdres) achetés, plantés ou protégés.

On peut consommer du naturel et le replanter, ça ne mange pas de pain : j'achète et fais planter des arbres sur le Net. Ces arbres sont gérés par les entreprises desdits sites.

Dans ce cas-ci, « pour faire comme tout le monde », j'achète, mais cela servira aux générations à venir : comme pour le nucléaire, voire au long terme.

Même les incendies de forêt, vécus comme des drames, sont une chance de régénérescence, avec d'autres essences d'arbres.

J'ai AUSSI un vrai problème avec les défaitistes !

Rappelez-vous en l'an 2000, les mêmes (ou d'autres) prévoyaient l'apocalypse !!! Juste à cause des trois zéros qui se suivent dans le nombre !

Moi, je mets mes économies dans la préservation ou la plantation d'arbres… Bien assez à mon échelle… ET JE RESPECTE PRESQUE, AINSI, LES ACCORDS DE PARIS (172 kilos de CO_2 pour décembre, 212 KILOS/MOIS EN MOYENNE, plus DIX TONNES de CO_2 piégé en un an, au lieu de 165 kilos de CO_2/mois).

Il y a bien des solutions contre cette « apocalypse » : personnellement, je crois aux *« cocoons »* sur les frontières arides, MAIS D'ABORD, je balaie devant ma porte, ne prends ni le train ni l'avion pour faire 9500 kilomètres vers le QATAR, l'Afrique ou La Réunion.

Entre le *green-washing* et le *grey-powering*, j'ai choisi !

Ailleurs :

« Énergie : une scientifique décroche une bourse de 1,5 million d'euros, son travail pourrait révolutionner la production d'électricité. »

Bravo pour la conscientisation et la réactivité !

B/ BIODIVERSITE

On peut réagir ! MÊME DE NOTRE BULLE à quatre heures DU MATIN !

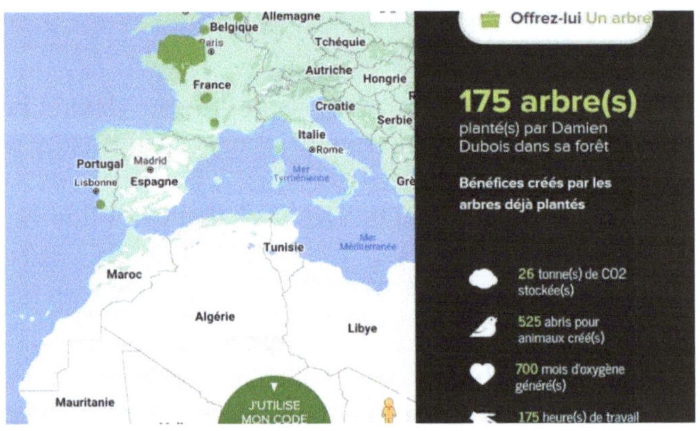

Ça vous étonne ?

Ça vous remet en question, vous, la fin de la biodiversité si les techniques de chasse (battue, CHASSE À LA GLUE) sont autorisées, le prix du permis de chasse baisse en même temps que la compétence constatée des chasseurs ?! Si aussi on continue au XXIe siècle l'arrachage des haies… ?

CONTRE TOUS RADINS (seulement 3 EUR pour faire planter un arbre), BON ANNIVERSAIRE, LA TERRE ! (C'est mon cadeau plus ou moins régulier.)

C/ CLIMAT + BIODIVERSITE

Ça vous écorche tellement de débourser pour eux ?

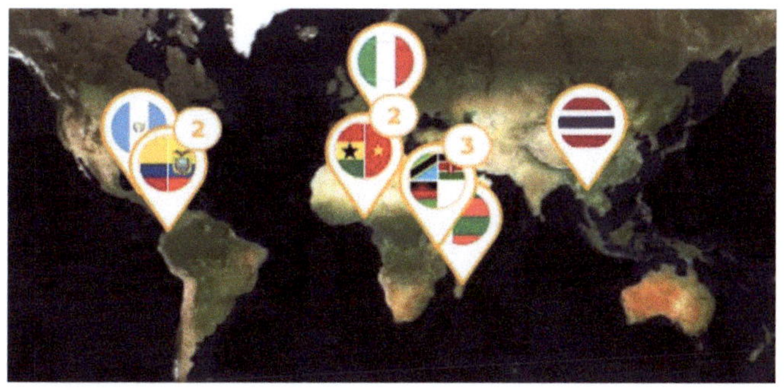

D/ LA FRANCE FACE A L'ECHEC DE LA POLITIQUE DE REDUCTION DE SES EMISSIONS DE CO_2 (MSN.COM)

Dans le détail, les émissions ont notamment augmenté de 12 % sur les neuf mois dans la production d'énergie, selon le Citepa. « Cela s'explique notamment par l'arrêt de nombreux réacteurs nucléaires en 2022 qui a entraîné le recours aux centrales thermiques », relève-t-il.

Je ne me considère pas comme français (j'ai pris les devants) #France. Pour ceux qui se posent la question, j'investis toujours pour que 1 à 4 arbres soient achetés ou plantés et protégés par livre vendu. En fait, la moyenne est plus près de six que quatre arbres plantés par livre vendu, car plus tôt on plante, plus le puits de carbone grandit vite (actuellement 670 arbres en vie pour 126 livres vendus (chez BoD en 26 mois)).

PLANTATION Expérimentale					
STRUCTURE/site	**arbres**	**KG CO^2/Date**	**T CO^2 en 2060**	**PRIX**	PRIX/arbre
TREEDOM.com	54	1	7,44	798 €	15 €
ECOTREE.com	249	1900	197,1	4 453 €	18 €
ECOTREE.com	76	175	48,3	1 221 €	16 €
REFORESTACTION.com	100	763	15	300 €	3 €
ECOTREE.com	121	150	95	2 063 €	17 €
HELLOCARBO.com	8	61	6,33	24 €	3 €
21/08/2022	**arbres**	**KG CO^2/Date**	**T CO^2 en 2060**	**PRIX**	**PRIX/arbre**
	608	3050	369,17	8858,6	14,57

PLANTATION Expérimentale					
STRUCTURE/site	**arbres**	**KG CO^2/Date**	**T CO^2 en 2060**	**PRIX**	PRIX/arbre
TREEDOM.com	60	800	14,65	865 €	14 €
ECOTREE.com	300	5100	225	5 665 €	19 €
ECOTREE.com	100	1500	63,8	1 727 €	17 €
REFORESTACTION.com	210	3100	31,85	630 €	3 €
	arbres	**KG CO^2/Date**	**T CO^2 en 2060**	**PRIX**	**PRIX/arbre**
28/01/2023	**670**	10500	335,3	8886,9	**13,2640299**

PLANTATION Expérimentale					
08/12/2021	arbres	KG CO^2/Date	T CO^2 en 2060	PRIX	**PRIX/arbre**
21/08/2022	608	3050	369,17	8858,6	14,57
19/01/2023	670	10200	335,3	8853,9	**13,2147761**
28/01/2023	670	10500	335,3	8886,9	**13,2640299**

II – Confidences

A/ DESOLE

Désolé si j'ai vidé mon sac sur le manque d'engagement et l'absence de prise de responsabilités financières, mais je n'ai jamais su imaginer un emploi où ce sont les autres qui font à ma place, qui investissent à ma place, et qui savent encore moins saisir les occasions d'un engagement pour eux.

Je mesure mes mots, les voudrais dits plus crûment, c'est peut-être là mon seul regret.

Sur mon « réseau pro », le minimum que l'on puisse dire est que personne n'est prêt au télétravail, car ce sont toujours les mêmes qui pour quelques centimes investissent les euros.

Merci aux amis pour leurs 126 commandes en 26 mois, c'est « réglo », car tout travail mérite salaire. Sur le réseau, je me suis toujours considéré comme au boulot, en fait, je crois que j'étais dans la Grande Halle à Paris, où les gens se croisent, se matent. En matière de clientèle, j'y vois des voyeurs de mots, voyeurs de photos ou de vidéos et personne n'y trouve son compte, sauf peut-être ceux qui sont là en dilettante, dont ce n'est pas le premier boulot. « À ceux-là : salut mes salauds »

Damien

Mon bilan carbone 2022 :

Difficile de descendre à 165 kilos de CO_2.

De l'autre côté, en 2022, j'ai stocké 12 tonnes de CO_2 (j'ai donné à un ami père de famille 121 arbres – d'une valeur 17 € chacun –, ce qui fait qu'il me reste un puits de 10,5 tonnes de CO_2).

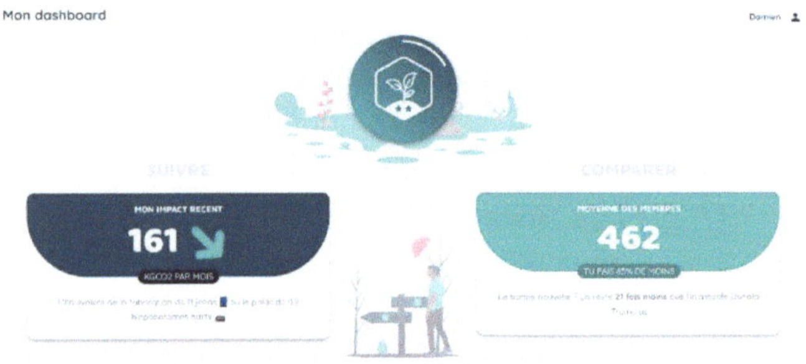

Je vous souhaite une vie modeste, mais confortable et sans embûches en 2023.

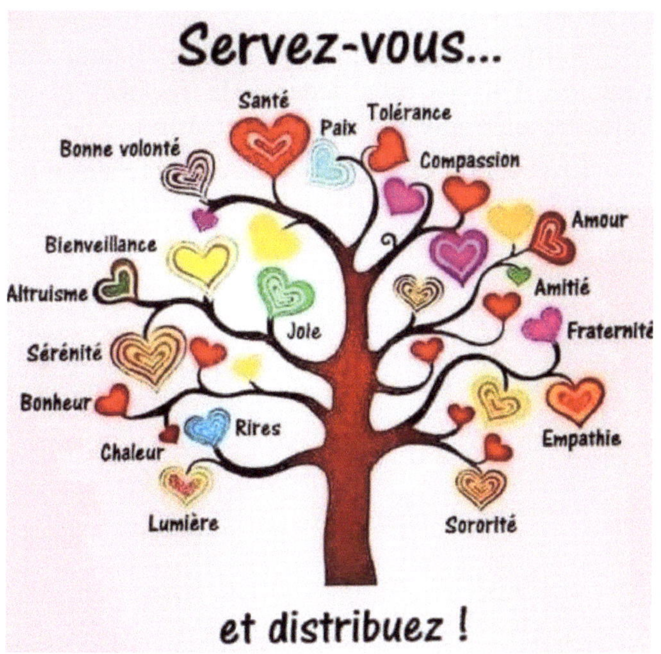

B/– Infos

Eh bien oui, en mai 2022, j'ai touché un héritage ! Comment pouvais-je autrement investir dans les arbres, pour moi, plutôt pour vous et vos descendants, autrement ? Ou tout du moins, comment envisager de partir dans trois ans avec une retraite de 740 € net et de devoir soit tout garder, soit en réinjecter un tiers ? J'ai choisi d'en réinjecter un tiers dans l'économie (des arbres), car encore trois ans et je baisse de revenus. C'était donc maintenant ou jamais !

Normalement, durant ma retraite, j'aurai une centaine d'arbres pour aider à la financer (avec valeur ajoutée suivant presque l'inflation).

Et vous, où en êtes-vous ? À maintenant ou à jamais ?

– Interlude

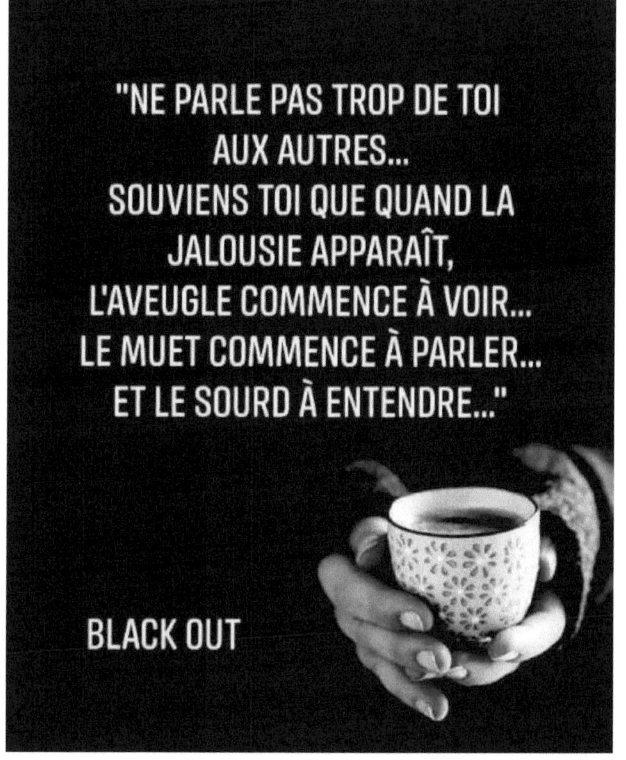

D/ La vie actuelle est toxique

Je crois que cet ulcère que je sens venir à l'estomac est une envie démesurée de vivre.

Je ne sais pas comment décompresser, je devrais me prendre une bonne douche brûlante, mais, un peu comme une manifestation de l'urgence, je suis impatient de trouver une manière de m'éclater.

Pourtant, on me dirait « tu as passé l'âge », et, je vous avoue que je ne sais plus faire, si j'allais danser, j'aurais peur de me casser les genoux.

Consommer comme le font beaucoup, comme l'a fait ma sœur, partir trois semaines à l'île de La Réunion, oui, mais, après, tomber de trop haut, et avoir brûlé en trois semaines à deux 5,5 tonnes de CO_2 !

Alors, je ronge mon frein, je fais de l'automédication pour calmer ma tension, prends un demi-hypotenseur de plus par jour et comme la réserve n'est pas inépuisable, avale un gros comprimé de mélatonine pour me détendre et finalement m'endors sur fond de musique new-wave.

On me dirait, « sors prendre l'air », c'est comme la douche cette semaine, je ne veux plus de petites échappatoires !

Il faut que je m'éclate sans me détruire, mais comment ?

Je pourrais casser du Macron ou de l'irresponsable politique, c'est cependant plus frustrant qu'appaisant…

Aujourd'hui j'en avais marre des consignes à 19 °C à se les cailler sous la couverture, devant l'écran, on a mis les trois bains d'huile à puissance max et… J'ai dormi, longtemps, trois heures dans ce fauteuil…

Alors, je me dis : fais quelque chose, ta tension t'empêche de prendre le temps de réfléchir.

Un « gros-petit-bilan », avec cet ordinateur, l'info est toxique, je nous sens tous masos à chercher les mauvaises nouvelles. Je vais donc couper ce con d'ordi pour une semaine et augmenterai la chaleur ambiante. Resterai à poil dans ce logement à surchauffer, quitte à faire péter les centrales, nous faire réagir… Je veux DIRE NON à cette fausse guerre (de l'énergie), non aux intox médiatiques, même si ceux qui les publient y croient.

Faut qu'ça éclate, je ne crois pas que nos centrales ne tiendront pas le choc, et si… Faut qu'ça casse ces mécanismes msn.com (sur la page d'accueil de *Microsoft Edge* par défaut), anxiogènes ou abêtissants !

TOUT ÇA, C'EST COMME DES JEUX MALSAINS, faut qu'ça pète par un bout : le phénomène démarré, les responsables subiront.

On ne peut pas se laisser plumer éternellement : faut qu'ça casse avant ses plans, avant qu'il démonte la France et qu'on n'ait plus d'argent ni de répondant (avec l'inflation sur l'énergie et l'alimentaire), lui, il s'en fout, de la France, de la dette, il n'a droit qu'à deux mandats.

Voilà ma SAGESSE d'aujourd'hui, on me demande de bêtement me les cailler devant un écran, moi, JE SURCHAUFFE et en donne la consigne.

MACRON NE RIRA PLUS !

MON BON 49.3 !!

E/ « JE NE SUIS PAS TIMIDE, MAIS JE ME SOIGNE. »

Un poil d'humour adressé aux professionnels soignants qui inventent des soucis – comme les médias –, des dysfonctionnements partout, qui vous passeraient la camisole alors que ce sont eux qui vous ont fait mettre en pyjama en pleine rue (et n'en ont aucune conscience, aucun souci et n'en auront jamais, ils seraient même fiers ou revendiqueraient leurs actes, contents de s'inventer des cobayes pour leurs expériences, recherches, jeux) :

« Je ne suis pas timide, mais je me soigne. »

Il y a de quoi faire une thèse sur cette phrase, non ?

« Un sujet pour prendre confiance en soi, François, tu n'es peut-être pas passé par-là, mais cela peut intéresser si le personnel médical – qui m'a très souvent invité sur le réseau social, ne l'a pas fait pour lire mes livres, mais cherchant un dahu à disséquer, ce qui manque absolument de franchise – a des côtés voyeurs (je ne parle pas de nous, François, mais d'eux).

Mon père était de cet acabit (accablant), à ne pas voir sa "normalitude", il ne voyait surtout pas son alcoolisme comme tel non plus.

Si tu n'accroches pas le sujet, laisse tomber, c'est d'abord de l'humour.

Amicalement,

Damien

Quand j'offre,

c'est pour le bien de la personne à qui je me suis lié

Quand je prête,

je précise que ce n'est pas un don

Quand j'achète,

je le dis, cela se voit peu

Quand je rends (à la nature),

je le clame pour l'exemple urgent, ça se voit un peu.

Quand je donne,

personne n'en sait jamais rien, et nous mourrons dans l'anonymat, ou pas, ni plus tôt ni plus tard, ça fait partie des choses naturelles.

Mais si on me prend, dit l'arbre,

alors on apprend…
Que tout a une fin.

Quand je rends…

J'investis les intérêts de mes placements dans les arbres, pourquoi pas vous ?

On peut être différent et réfléchir mieux.

- « Un homme de bien ne se met jamais en avant pour sa quiétude et son devoir. Merci pour lui.  »

- « Il y aurait plus d'hommes du mieux que d'hommes de bien, cela compenserait les hommes et femmes du pire. » (Pour le moral des troupes.) Dadu

- « Les hommes du mieux vont contre les valeurs (paternalistes) des hommes de bien, pour faire le bien en mieux. » Dadu

- « Les hommes du pire découragent les hommes du mieux, aux hommes du mieux d'être plus nombreux. » Dadu

- « On peut être normal et bien réfléchir, on peut être différent et réfléchir mieux et/ou autrement. »

III – Voyez bien, voyez loin !

Il faut comprendre qu'en théorie comme en pratique, il est URGENT DE PLANTER DES ARBRES, DES HAIES. Dans trente ans, vos arbres individuels seront adultes, nous serons en 2050, leur rendement en puits de carbone sera le plus efficace et pourra ralentir. « *LULUCF* », l'agriculture avec ou sans **émission de CO_2** sera la source d'énergie renouvelable « *forestry* » incluse, et nous ne devrions plus être en surpopulation (fin de vie des baby-boomers).

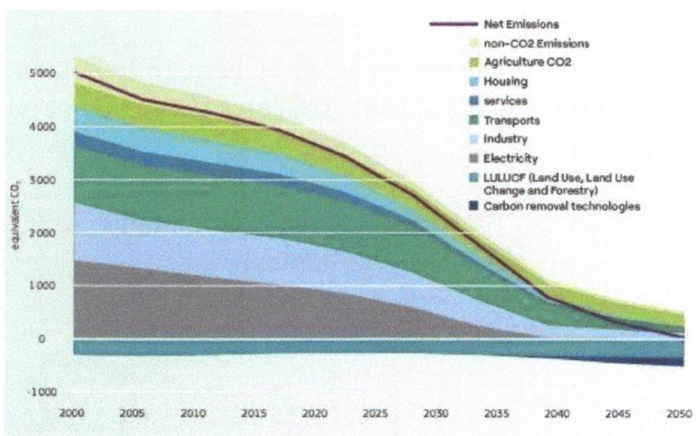

Voyez bien, voyez loin !

Je le réécris sciemment

- « Un homme de bien ne se met jamais en avant pour sa quiétude et son devoir. Merci pour lui. ☮💪🙆♂□❤🙏 »

- « Il y aurait plus d'hommes du mieux que d'hommes de bien, cela compenserait les hommes et femmes du pire » (Pour le moral des troupes.) Dadu

- « Les hommes du mieux vont contre les valeurs (paternalistes) des hommes de bien, pour faire le bien en mieux. » Dadu

- « Les hommes du pire découragent les hommes du mieux, aux hommes du mieux d'être plus nombreux. » Dadu

- « On peut être normal et bien réfléchir, on peut être différent et réfléchir mieux et/ou autrement. »

- « Ce n'est pas parce que tout le monde le fait que c'est juste. » (Des internautes)

Exemple réel : les fourmis forment un cercle rotatif sur un gigantesque pot de terre, communément appelé « spirale de la mort », car elles pourraient éventuellement mourir d'épuisement.

A/ Et si…

À ceux et celles qui comptent sur les fonds européens pour faire les choses (un cadastre avec les terres arables, les terres pour la sylviculture, les terres citadines… et les terres sauvages), c'est-à-dire la majorité des gens, vous êtes en haut du pot et y mourrez peut-être d'usure : voyez-vous sur ce graphique (plus haut) le remplacement de nos centrales électriques par les 6 + 8 EPR ? Moi, si ce n'est un graphique de la répartition par habitant, j'y verrais plutôt MOINS D'HABITANTS.

B/ PERMIS CARBONE (OU PAS ?)

À partir du moment où l'on a créé des structures qui mesurent l'empreinte carbone, il ne faut pas être naïfs, il faudra bien réaliser que ça devra être rentabilisé et que ça va créer un foutu merdier, une foutue paperasserie, de sacrées contestations.

Celui qui devra faire La Flèche-Saint-Nazaire régulièrement pour son travail ou pour soutenir un enfant handicapé, etc. ne pourra pas avoir la même empreinte que moi sur La Flèche (pas de gare SNCF), qui travaille à domicile à temps plus que partiel, mais qui, comme écrivain, dois investir dans des services (correction, relecture, mise en pages, mesure empreinte carbone (?) payante…), dans des stocks de livres papier (rien que pour un livre, l'empreinte carbone est énorme) et **ceux qui travailleront ou les retraités aisés qui dépenseront devront acheter leur neutralité carbone**.

Exemple : « **Mes données** », inutile de vous dire qu'il vaut mieux investir dans les arbres si vous voulez vous garantir une neutralité carbone très tôt et plus longtemps.

#Objectif #mensuel #accord #de #Paris

Répartition de mon impact par mois et par année

2020	**2021**	**2022**		**2023**	
Théorique	réelle	réelle	probable	OBJECTIF	
129	236	332	01/01/2022	202,4	01/01/2023
133	209	162	01/02/2022	146,3	01/02/2023
133	263	176	01/03/2022	166,1	01/03/2023
133	179	149	01/04/2022	133,9	01/04/2023
129	332	185	01/05/2022	187,6	01/05/2023
129	227	180	01/06/2022	155,6	01/06/2023
126	193	198	01/07/2022	150,1	01/07/2023
136	151	187	01/08/2022	137,6	01/08/2023
133	208	200	01/09/2022	157,1	01/09/2023
157	227	210	01/10/2022	172,5	01/10/2023
170	243	232	01/11/2022	187,3	01/11/2023
255	196	181	31/12/2022	183,5	31/12/2023
146,916667	**222**	**199,333333**	**189,4167**	**165**	kg CO²/mois sur l'années
Minimum	Maximum	Réalisée	MOYENNE	OBJECTIF	kg CO²/mois sur l'années

TOTAL	6819	kg CO² en 3 années
TOTAL	9309	kg CO² en 4 années
OBJECTIF Maxim	1980	kg CO²/an

PLANTATION Expérimentale					
STRUCTURE/site	**arbres**	**KG CO^2/Date**	**T CO^2 en 2060**	**PRIX**	PRIX/arbre
TREEDOM.com	59	708	14,59	850 €	14 €
ECOTREE.com	278	4700	211,7	5 232 €	19 €
ECOTREE.com	100	1200	63,8	1 694 €	17 €
REFORESTACTION.com	190	2600	28	570 €	3 €
HELLOCARBO.com	8	1188	6,33	24 €	3 €
30/12/2022	**arbres**	**KG CO^2/Date**	**T CO^2 en 2060**	**PRIX**	PRIX/arbre
	635	10396	324,42	8370	13,1811024

Ainsi, ce puits de carbone est-il fait d'abord pour planter ou sauver des arbres, mais aussi pour prévoir en cas de coup dur (construction logement éco, achat véhicule éco…).

Voilà mon expérience de l'amour de la planète, je me suis ruiné pour elle, mais la récompense pour moi qui n'ai pas d'enfant sera dans l'empreinte carbone et la compensation carbone, qui à la base n'était pas la fonction du tout, mais peut en devenir une seconde – il me faut avec ma conjointe, handicapée moteur, prévoir le transport à venir, donc son impact carbone par la location d'un véhicule (pas son achat, nous vieillissons trop vite).

C'est un bien de planter pour la planète, se dépêcher de bien le faire aussi, et il faut également entrevoir qu'en 2050 (ou bien avant), **l'arbre et le bois peuvent devenir une monnaie**.

C/ ET SI AUSSI…

Prévoyez votre puits de compensation carbone, c'est-à-dire plantez ou faites planter (que ce soit chiffrable, déductible). **Il n'y a pas de mal à planter TRÈS TÔT DES ARBRES, au contraire !**

- Par contre, ceci est-il équitable ?

Grandes fortunes. La Sologne, empire sans partage des propriétaires

Patrons et rentiers possèdent la quasi-totalité des 500 000 hectares qui composent cette région de bois et d'étangs. Une emprise foncière destinée à la spéculation et la chasse et qui ne supporte aucune autre activité.

Publié le Mardi 10 Octobre 2017 · Olivier Morin

- Que penser de cela ?

Le milliardaire qui achète la terre pour sauver la planète

Par Thierry Oberlé

Publié le 27/01/2010 à 13:56, mis à jour le 27/01/2010 à 13:57

Douglas Tompkins pose sur sa propriété d'Ibera, en novembre 2009. Le fondateur des marques de vêtements Esprit et The North Face est un pionnier de l'écologie radicale : les parcs qu'il a créés en Amérique du Sud représentent un territoire grand comme la Corse. AFP

En Argentine, dans le sanctuaire de Los Esteros del Ibera, l'Américain Douglas Tompkins, fondateur de la marque Esprit, affronte les fermiers pour rendre leurs exploitations à la nature sauvage.

La péninsule d'Ibera est un bout du monde. Peuplée de carpinchos (capybaras), une variété de rongeur au corps d'ourson, de caïmans et d'oiseaux rares, cette contrée vaste comme dix fois la Camargue, forme un royaume lagunaire dont le prophète est un milliardaire

Face à cela, je veux y croire. Mais la question est : avec ce permis de compensation carbone, n'y aura-t-il pas d'abus, pas de rachats de crédits carbone exagérés ?

2023, année de la mise en place d'un quota carbone individuel ?

Le compte ou permis carbone, qui alloue une quantité de carbone par personne, a souvent été évoqué mais jamais mis en place. La solution, controversée pour certains, idéale pour d'autres, fait de plus en plus l'objet de débats.

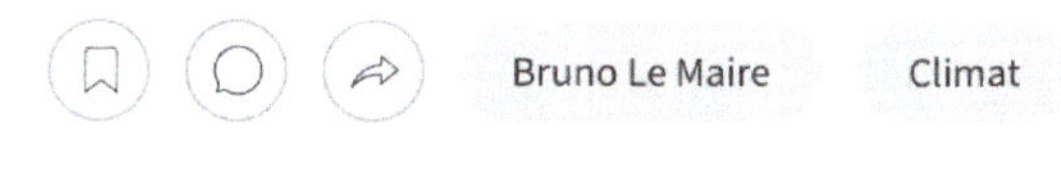

- Car d'autres fortunes peuvent réagir.

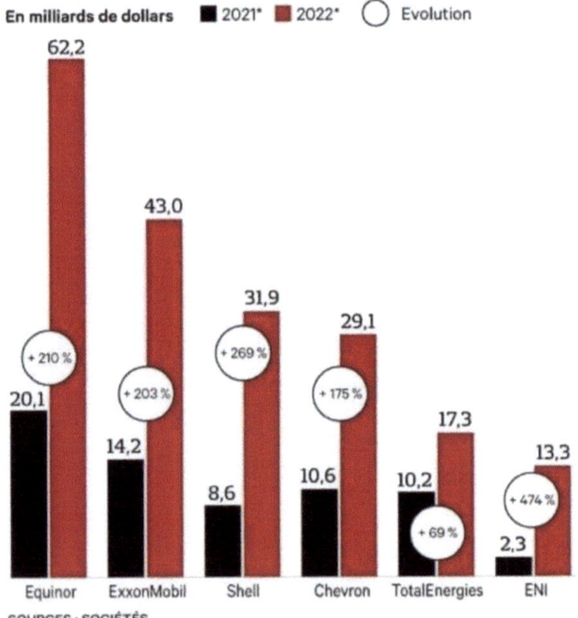

La nouvelle configuration du CAC 40

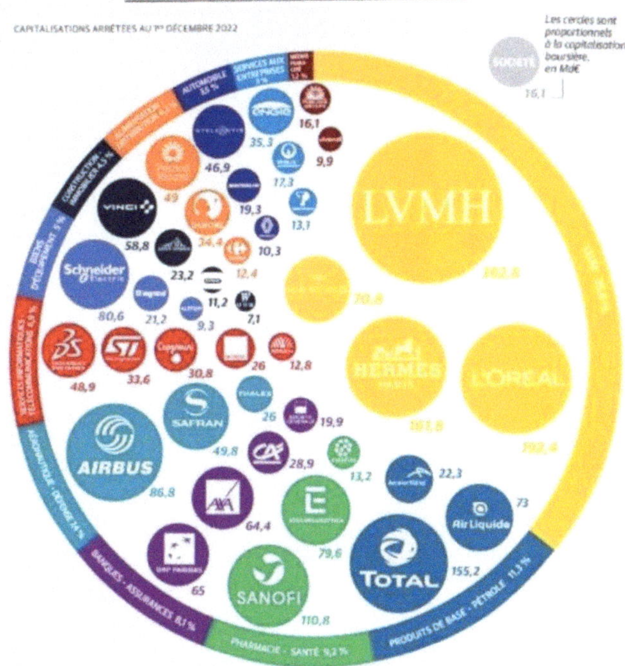

Les valeurs du luxe, regroupées sous l'acronyme KHOL, dominent toujours le CAC 40

Les groupes technologiques restent peu représentés à Paris

Dans chaque secteur, se dégage un champion hexagonal

- Et nous aussi…

Mes données

4.8 T
Estimation du CO2 absorbé

5348 €
Investis

3
Cadeaux envoyés

2
Mes abonnements

IV – Nous concernant

Et pour moi, le réel, c'est le compte en banque de tous les Français qui peut empêcher les fourmis de s'épuiser autour du pot ! À la condition que nous réduisions nos émissions de gaz à effet de serre !

Et pour atteindre la neutralité carbone à l'horizon de 2050, l'agriculture joue un rôle de premier plan ! Le secteur agricole est à la fois émetteur de gaz à effet de serre, et capable de stocker du carbone dans les sols (France nation verte).

V – Apostrophe

A/ Jeu

Voici la répartition de mon impact par catégories (de juin 2022). Sauriez-vous très rapidement la retrouver en donnant la valeur de l'empreinte carbone (en kilos de CO^2/mois), par de simples coups d'œil ? Faites le lien ! Je souhaite un nombre à trois chiffres.

Amusez-vous bien !

PS1 : la moyenne des gens attentionnés à la planète fait environ le double ou le triple de mon empreinte…

PS2 : avez-vous limité les coups d'œil ou avez-vous « joué le jeu » d'apprenant # CO_2 ?

	Type	kgCO2	Part
	Transports 2 dépenses	8	4 %
	Logement 3 dépenses	9	5 %
	Loisirs & Services [illegible] dépenses	75	41 %
	Biens 15 dépenses	63	34 %
	Alimentation 17 dépenses	28	15 %

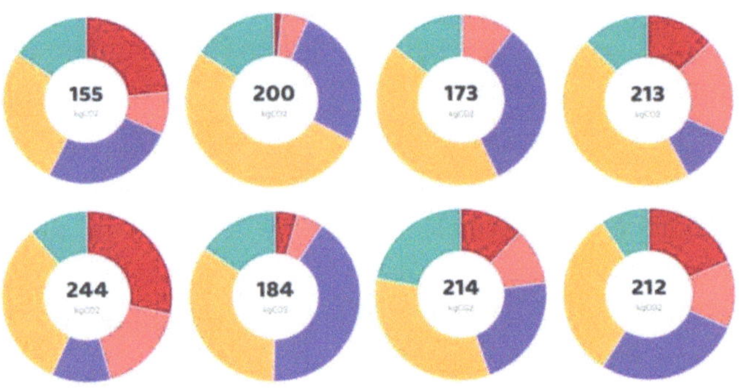

Réponse : la valeur (de juin 2022) est 184 kilos de CO_2.

L'idée était de faire un peu de calcul de tête sans allumer de machine (calculatrice, téléphone portable, ordinateur). Vous remarquerez que sur ces huit mois choisis (d'une personne sédentaire à petit revenu inférieur au SMIC), peu de gens respectent les accords de Paris. La moyenne de l'empreinte carbone d'un Français est de 620 kilos de CO_2.

B/ ET LA DECROISSANCE ?

Notre modèle de consommation à 20 ans et il y a 40-50 ans en violet (aussi celui d'un sage retraité du XXIe siècle).

Le modèle Greta à son âge… en orange

Notre modèle, avec beaucoup « moins de services », mais le même nécessaire en « biens » était deux fois moins producteur de kilos de CO_2, donc deux fois meilleur.

Notre monde surpeuplé de cols blancs est fait de jeunes travailleurs, de plus en plus des cols blancs, et cela m'interroge.

Un monde où on est motorisé (pour tout) et où l'on roule vite (très vite) est la course à la mort (d'une civilisation). Monde d'impatience aussi et peu mature du coup de tête (j'y suis venu aussi…)

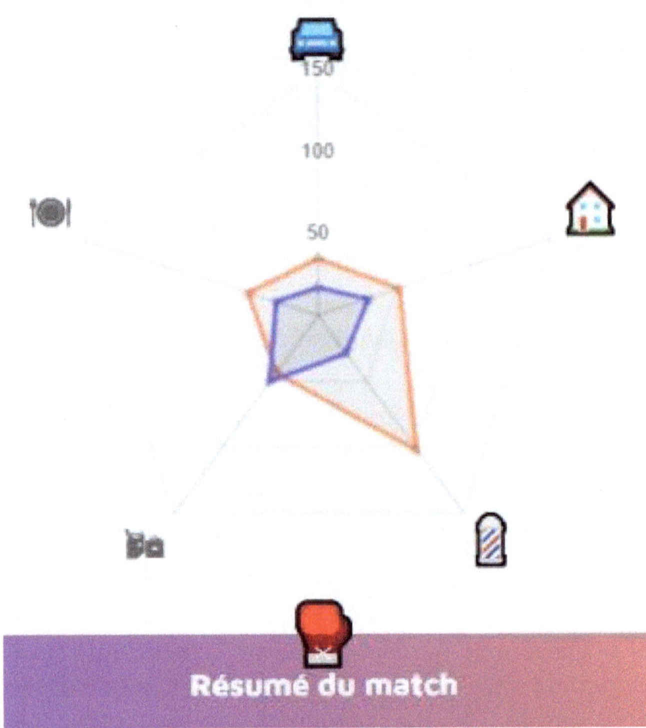
150
100
50
Résumé du match

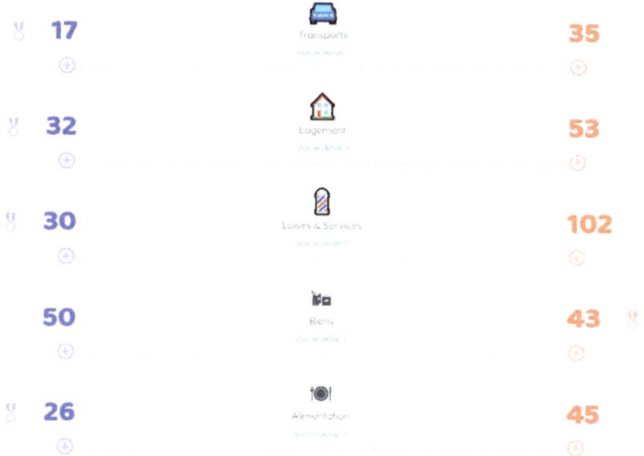

Réjouissance, je suis passé par-là dans cette semaine de fin de mois.

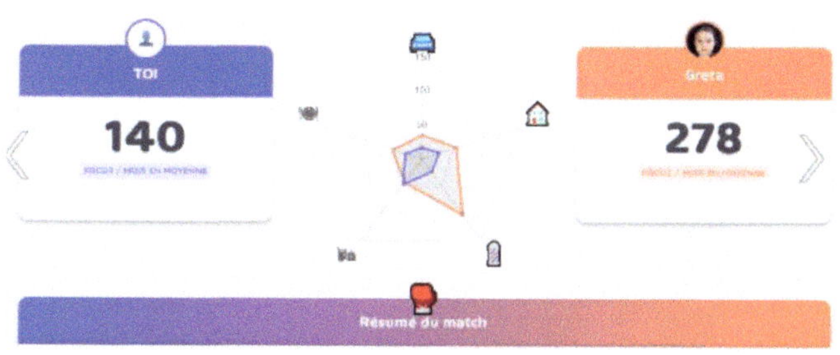

C/ La consommation de masse

Elle tend à accepter et encourager les cols blancs et a pour bénéfice d'automatiser les travaux et de réduire l'impact carbone par habitant. C'est une hypothèse, mais concevons alors que le match des profils ressemblerait, pour les mêmes dépenses, à cela :

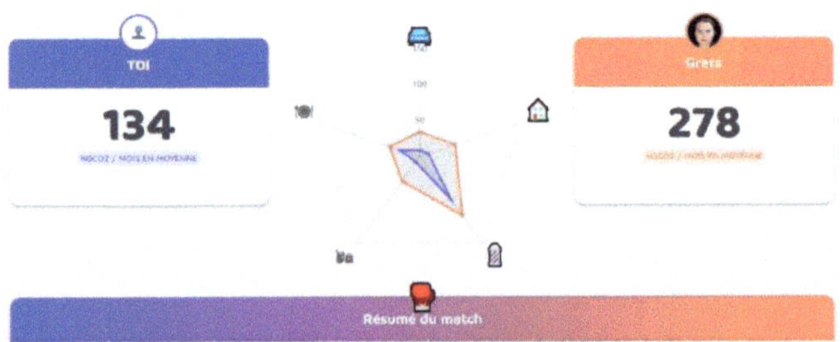

Conclusion

Une France, nation boisée et moderne de 70 millions d'habitants avant 2030, n'est pas incompatible avec la stabilité du climat et est vivement recommandée. Ainsi dans le « carbomètre » cité ci-dessus, le budget moyen en arbres, s'il est d'environ 500 euros par mois (ou la responsabilité d'à peu près une trentaine de nouveaux d'arbres par mois), a généré approximativement 10 tonnes de puits de CO_2 sur 18 mois.

Je ne prends pas en compte la faisabilité avec la gestion de l'espace, sachant qu'il existe des zones arides qui peut-être peuvent être boisées en France ou ailleurs par la France.

PLANTATION Expérimentale					
STRUCTURE/site	**arbres**	**KG CO^2/Date**	**T CO^2 en 2060**	**PRIX**	PRIX/arbre
TREEDOM.com	60	800	14,65	865 €	14 €
ECOTREE.com	300	5100	225	5 665 €	19 €
ECOTREE.com	100	1500	63,8	1 727 €	17 €
REFORESTACTION.com	210	3100	31,85	630 €	3 €
	arbres	**KG CO^2/Date**	**T CO^2 en 2060**	**PRIX**	**PRIX/arbre**
28/01/2023	670	10500	335,3	8886,9	13,2640299

Le profil en 2030 (?) en empreinte carbone (c'est un profil vécu en fait comme écrivain retraité en janvier 2023), peut, par exemple, ressembler à celui-ci.

Répartition de mon impact par catégorie

janvier 23

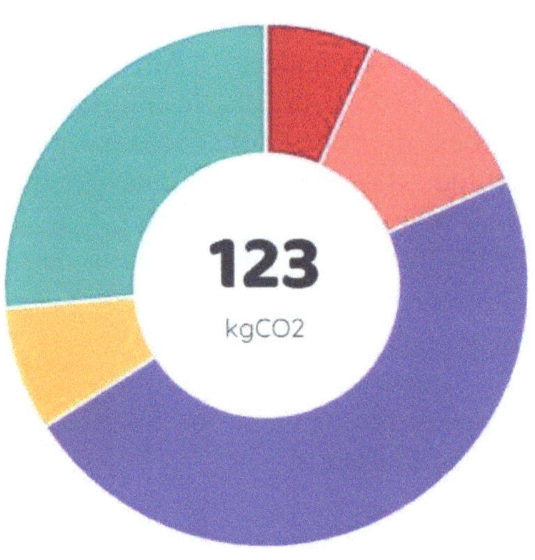

	Type	kgCO2	Part
	Transports 2 dépenses	8	7 %
	Logement 5 dépenses	14	12 %
	Loisirs & Services 7 dépenses	58	48 %
	Biens 13 dépenses	9	8 %
	Alimentation 13 dépenses	32	26 %

Du même Auteur

Aux Éditions du Net :
Linou, Lila et nous, novembre 2017
Ex-time et Intime : l'humain debout, juillet 2018
Où (en) suis-je ? Les Editions du net, août 2019
Les petits saints, Les Editions du net, janvier 2020

Aux Éditions Muse :
Le Post de Soissons, mai 2019
Nouvelles de caractères, juin 2019
La Mort d'une France, avril 2022

Books on Demand :
À la Zone le GAFFEUR, septembre 2020
DEUX LETTRES : Je t'aime ET dans la dignité, septembre 2020
Les Pensées suspendues de Dadu, octobre 2020
Ex-time et In-time : l'humain debout, octobre 2020
Ce Qu'elle PEUT Voir Tomes 1-2-3, décembre 2020
Un déménagement presque normal, septembre 2021
Dans ma culture…, octobre 2021
La vieille mentalité française, novembre 2021
Veillées de Guerres, mars 2022

Deux Années à Méditer, juin 2022
Le retraité, l'Internaute et la Meute, août 2022
Du Zinzolin pour Pierrot, Septembre 2022
Ma plume à Pierrot, février 2023

Editions Jets d'encre :
Le Recueil de Pierrot, Juillet 2021

Table des matières

Édition : BoD – Books on Demand, info@bod.fr
Impression : BoD – Books on Demand, In de Tarpen 42,
Norderstedt (Allemagne)
Impression à la demande

ISBN : 978-2-3220-9484-4
Dépôt légal : février 2023